Razad P M
Poonguzhali V
Dhivya R

COMPORTAMENTO ÓPTICO DE FILMES FINOS NANOESTRUTURADOS DE BIFEO3 CO-DOPADOS

Razad P M
Poonguzhali V
Dhivya R

COMPORTAMENTO ÓPTICO DE FILMES FINOS NANOESTRUTURADOS DE BIFEO3 CO-DOPADOS

ScienciaScripts

This book is a translation from the original published under ISBN 978-620-6-84376-4.

Publisher:
Sciencia Scripts
is a trademark of
Dodo Books Indian Ocean Ltd. and OmniScriptum S.R.L publishing group

120 High Road, East Finchley, London, N2 9ED, United Kingdom
Str. Armeneasca 28/1, office 1, Chisinau MD-2012, Republic of Moldova, Europe
Printed at: see last page
ISBN: 978-620-7-20808-1

ÍNDICE

CAPÍTULO I
INTRODUÇÃO

1.1 FILMES FINOS

Uma película fina é uma camada de material que varia entre uma fração de um nanómetro e vários micrómetros de espessura. As películas finas têm uma relação superfície/volume muito grande, pelo que a superfície desempenha um papel importante na determinação das propriedades da película [1]. Os estudos sobre películas finas fizeram avançar, direta ou indiretamente, muitas novas áreas de investigação em física e química do estado sólido, que se baseiam em fenómenos exclusivamente característicos da espessura, geometria e estrutura da película [2]. O termo "película fina" é amplamente utilizado em ciência e tecnologia, podendo ser definido como uma camada de matéria gasosa, líquida ou sólida, cuja espessura é geralmente de alguns A^0. Têm uma grande relação superfície/volume e, por isso, a superfície desempenha um papel importante na determinação das propriedades da película.

Uma película fina pode ser classificada em três tipos:

Película ultra-fina - 50 a

100 A Película muito fina -

100 a 1000 AT Película fina -

mais de 1000 A

Anteriormente, as películas finas eram utilizadas apenas para determinados fins, como o revestimento protetor. Recentemente, as películas finas têm uma enorme aplicação em quase todos os domínios. Circuitos integrados de grande escala, sensores, detectores, dispositivos de memória,

3

fotómetros, células solares, etc., podem ser fabricados de forma fiável e consistente utilizando a tecnologia de película fina. Os circuitos híbridos de película fina são muito vantajosos em aplicações de alta frequência [2].

1.1.1 Factores que determinam as propriedades das películas finas

As propriedades das películas finas dependem principalmente de [3];

➢ Taxa de deposição

➢ Temperatura do substrato

➢ Condição ambiental

➢ Pressão de gás residual no sistema

➢ Pureza dos depósitos

➢ Inclusão de matérias estranhas

➢ Estrutura do filme

➢ Composição do filme

1.1.2 Técnica de deposição de película

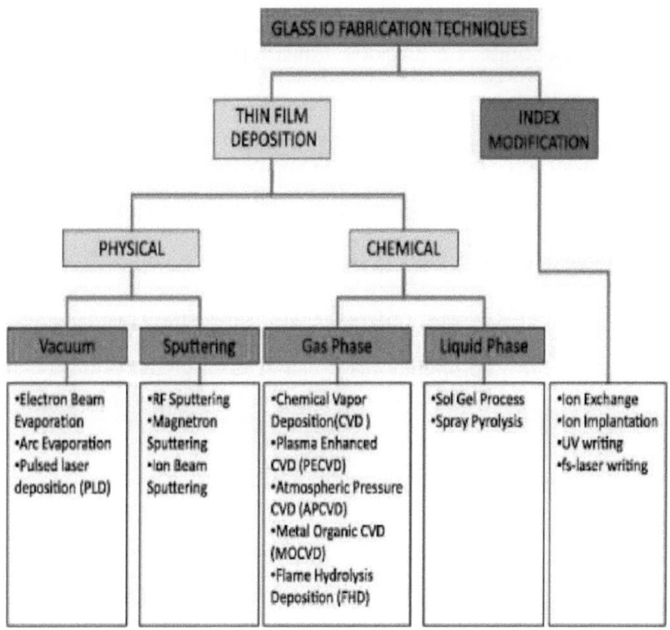

Fig 1.1: Classificação da técnica de deposição de películas finas

As propriedades físicas da película de polímero dependem basicamente da técnica de preparação/formação da película. Existem vários métodos que podem ser utilizados para a formação de películas finas de polímeros [4]. Os métodos utilizados para a deposição de películas finas podem ser divididos em dois grupos com base na natureza do processo de deposição, nomeadamente físico ou químico, como se mostra na Fig. 1.1.

1.1.3 Aplicações das películas finas:

A ciência das películas finas tem recebido uma enorme atenção devido às suas numerosas aplicações em diversos domínios [5].

> Muitos dispositivos electrónicos são fabricados utilizando películas finas [6]. Ex: Resistências, condensadores como dispositivos activos

> Circuitos monolíticos e híbridos, transístores de efeito de campo (FET), transístores semicondutores de óxido metálico (MOST), dispositivos de comutação, díodos emissores de luz (LED), células solares e sensores [7].

> As películas finas são utilizadas para criar superfícies reflectoras e não reflectoras em dispositivos ópticos [8].

> As películas finas são utilizadas em diferentes instrumentos como memórias em computadores, calculadoras, televisores, câmaras, gravadores, etc.

> As películas finas têm também aplicações nas ciências espaciais, aeronaves e defesa [9].

1.2 MULTIFERROICO

Os materiais multiferróicos são compostos que apresentam mais do que uma propriedade ferróica ou antiferróica, como ferromagnética, ferroeléctrica, etc., numa amostra monofásica. Nestes materiais, as propriedades ferróicas são designadas por compostos magnetoeléctricos. Os parâmetros básicos de ordem férrica primária são [10]

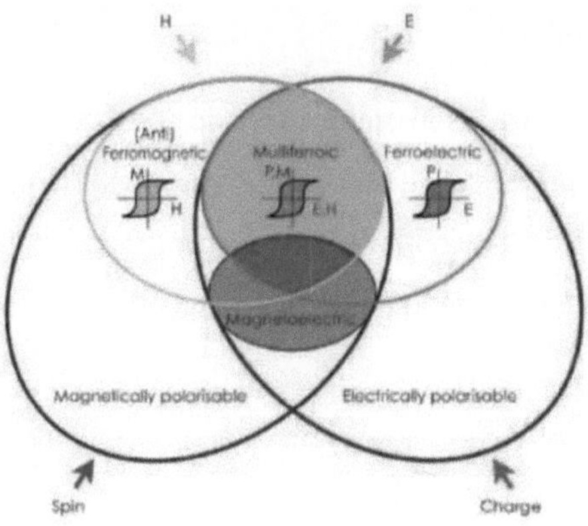

Fig 1.2: Acoplamento multiferróico

✓ Ferromagnetismo

✓ Ferro elétrico

✓ Anti-ferromagnetismo

Entre estes multiferróicos, os materiais que possuem propriedades ferroeléctricas (antiferroeléctricas) e ferromagnéticas (antiferromagnéticas) são designados por compostos magnetoeléctricos. Num composto magnetoeléctrico, a aplicação de um campo elétrico externo pode induzir a magnetização e a aplicação de um campo magnético pode induzir a polarização intrínseca. O acoplamento entre estas propriedades de um composto magnetoeléctrico torna-o importante não só para aplicações industriais, mas também do ponto de vista físico, devido às suas propriedades físicas enriquecidas. Mas, infelizmente, são muito poucos os materiais existentes na natureza ou sintetizados em laboratório que apresentam ambas as propriedades férricas à temperatura ambiente ou acima dela.

1.2.1 Ferromagnetismo

Os momentos magnéticos num íman de ferro têm a tendência para se alinharem paralelamente uns aos outros sob a influência de um campo magnético. No entanto, ao contrário dos momentos num ímã, esses momentos permanecerão paralelos quando um campo magnético não for aplicado.

Fig 1.3: Ferromagnetismo

O ferromagnetismo é uma propriedade não só da composição química de um material, mas também da sua estrutura cristalina e microestrutura. O ferromagnetismo é muito importante na indústria e na tecnologia moderna e é a base de muitos dispositivos eléctricos e electromecânicos, como electroímanes, motores eléctricos, geradores, transformadores e armazenamento magnético, como gravadores de cassetes e discos rígidos [11].

1.2.2 Ferro elétrico

A ferroeletricidade é uma propriedade de certos materiais que apresentam uma polarização eléctrica espontânea que pode ser invertida pela aplicação de um campo elétrico externo. O termo é usado em analogia com o ferromagnetismo, em que um material exibe um momento magnético permanente. Os cristais ferroeléctricos podem ser vistos como um conjunto de pilhas com uma orientação particular, que permanece estável a menos que seja aplicado um campo elétrico externo para alterar a sua direção.

1.2.3 Anti-ferromagnetismo

Os momentos magnéticos adjacentes dos iões magnéticos tendem a alinhar-se antiparalelamente uns aos outros sem um campo aplicado. No caso mais simples, os momentos magnéticos adjacentes são iguais em magnitude e opostos, pelo que não existe magnetização global.

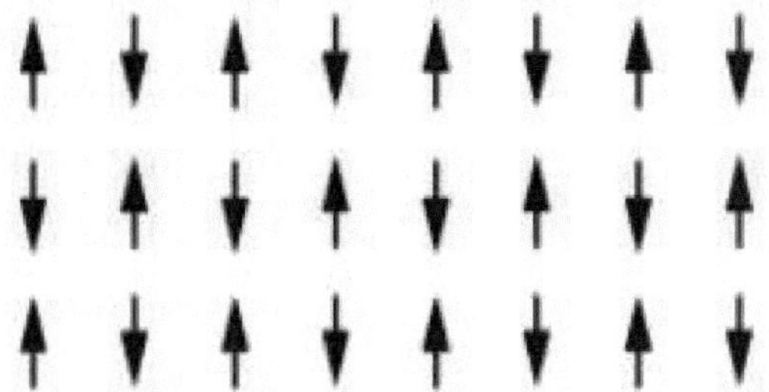

Fig. 1.4: Anti-ferromagnetismo

Os materiais antiferromagnéticos são comuns em compostos de metais de transição, especialmente óxidos.

1.2.4 Classificação dos multiferróicos

Estes podem ser divididos em multiferróicos monofásicos e multiferróicos compostos.

i) *Multiferróico monofásico*

A multiferróica monofásica tem dois tipos.

TIPO 1: Os materiais em que a ferro-eletricidade e o magnetismo têm origens diferentes, o que explica os grandes valores de polarização e o facto de a ferro-eletricidade aparecer a uma temperatura muito mais elevada do que o magnetismo. Esta diferença na temperatura de transição revela que ambas as ordens envolvem diferentes escalas de energia e mecanismos que provocam a ocorrência de um fraco acoplamento magnetoeléctrico.

TIPO 11: Correspondem a materiais em que o magnetismo provoca a Ferroeletricidade, o que implica um forte acoplamento entre eles. Apresentam menores valores de polarização eléctrica e a Ferroeletricidade aparece sempre a uma temperatura inferior à magnética.

ii) Multiferróico composto

A escassez de material multiferróico monofásico torna o material compósito uma alternativa intensa. A ordem multiferróica não é intrínseca, mas resulta da combinação de materiais que são ferroeléctricos e ferromagnéticos separados. Assim, a disponibilidade de material ferroelétrico e ferromagnético à temperatura ambiente facilita a obtenção de material compósito multiferróico à temperatura ambiente. Foi demonstrado que estes compósitos têm efeitos magnetoeléctricos muito mais fortes do que os materiais monofásicos.

1.2.5 Aplicações dos multiferróicos

- Dispositivos spintrónicos (inclui transístores baseados em spin)

- Dispositivos de armazenamento de informações (fita magnética, disquete)

- Válvula giratória (dispositivo constituído por dois ou mais materiais magnéticos condutores, que alternam a sua resistência eléctrica)

- Electroímanes quânticos (os electroímanes são bobinas ou laços de fio, que tendem a ser volumosos e difíceis de fabricar)

- Dispositivos microelectrónicos (MOSFETs, transístores bipolares)

➢ Sensores (medem uma quantidade física e convertem-na num sinal que pode ser lido por um instrumento) [13].

1.3 FERRITE DE BISMUTO

$BiFeO_3$, conhecido como ferrite de bismuto, é um dos materiais multiferróicos mais promissores. É comummente referido como BFO na ciência dos materiais [11]. A ferrite de bismuto é um composto inorgânico com estrutura de perovskite. É o único protótipo entre todos os outros óxidos multiferróicos que apresenta tanto ferromagnetismo como ferroeletricidade num único cristal acima da temperatura ambiente. Tem uma temperatura de Curie ferroeléctrica Tc = 1143 K e uma temperatura de Neel antiferromagnética $T_N = 643$ K.

Os iões responsáveis pela produção de ferro-eletricidade e magnetismo são os iões Bi^{3+} e Fe^{3+} . A ferroeletricidade é produzida pelos iões Bi^{+3} e o antiferromagnetismo pelos iões Fe^{+3} . A principal motivação dos estudos das propriedades electrónicas e magnéticas do $BiFeO_3$ deve-se às potenciais aplicações do acoplamento magnetoeléctrico a temperaturas próximas da temperatura ambiente.

1.3.1 Estrutura cristalina

O $BiFeO_3$ é um material multiferróico monofásico com estrutura de perovskite e tem uma estrutura cristalográfica R3c romboédrica.

Os catiões Bi^{3+} e Fe^{3+} deslocam-se ao longo do eixo polar tríplice [1 1 1] e descentram-se em relação ao baricentro do octaedro de oxigénio, o que, por sua vez, dá origem à ferroeletricidade. Também no $BiFeO_3$, o ferro magnetismo é produzido devido a rotações do oxigénio FeO_6 octaédrico adjacente em torno da direção [1 1 1] pseudo-cúbica. Os momentos magnéticos do Fe^{+3} estão ordenados de uma forma que é uma ordenação antiferromagnética do tipo G.

Ordenação anti-ferromagnética do tipo G: Os momentos magnéticos do Fe mais próximo^{+3} estão alinhados de forma antiparalela entre si nas três direcções cartesianas.

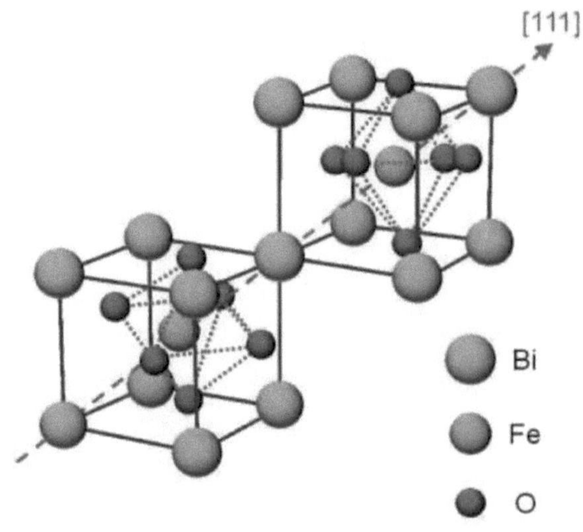

Fig 1.5: Estrutura cristalina do BiFeO $_3$

1.3.2 Propriedades da película fina de BiFeO3

O BiFeO3 é talvez o único material que é simultaneamente magnético e um forte ferroelétrico à temperatura ambiente. Esta película fina tem baixa corrente de fuga e nanofibras com fotocondutividade. As películas finas compostas têm uma baixa perda dieléctrica, uma elevada constante eléctrica e propriedades ferroeléctricas melhoradas. Tem um intervalo de banda estreito e alta polarização. Os iões responsáveis pela produção de ferroeletricidade e magnetismo são os iões Bi^{3+} e Fe^{3+} . A ferroeletricidade é produzida devido ao Bi^{3+} e o antiferromagnetismo é devido aos iões Fe^{3+} [13].

1.3.3 Aplicações do BiFeO3

-1- Aplicações no domínio dos transdutores, dos sensores de campo magnético e do armazenamento de informações na indústria.

-1- Devido ao seu acoplamento magneto-elétrico, tem a vantagem de os dados poderem ser escritos eletricamente e lidos magneticamente.

-2- Explora os melhores aspectos da memória ferroeléctrica de acesso aleatório (FeRAM) e do armazenamento magnético de dados.

-3- O multiferroísmo conduz a dispositivos de memória rápidos, de baixo consumo energético e multifuncionais que exploram os melhores atributos das memórias de acesso aleatório ferroeléctricas e magnéticas convencionais.

-4- $BiFeO_3$ potencial aplicação de spintrónica e composto fotocatalítico [14].

Referências

1. A. R West "solid state chemistry" John Wiley, Singapura (2003)

2. A. R West, "Thin film deposition processes and characterization techniques", Solid statechemistry, John Willey and sons, (2003)

3. http://shodhganga.inflibnet.ac.in/bitstream/10603/4025/8/08/chapter%202 .pdf

4. https://en.wikipedia.org/wiki/Thin filme

5. http://shodhganga.inflibnet.ac.in/bitstream/10603/4025/8/08/chapter%202 .pdf

6. Htttp://pubs.acs.org/doi/abs/10.1021/acs.chemmater.5b02162

7. K. L Chopra e S. R, "Thin Film Solar cells", Plenum press, Nova Iorque, (1983)

8. K. L Chopra, "Thin film phenomena", McGraw-Hills Book Co. Nova Iorque (1969)

9. S. Mohan, "Proc.Advanced Course on Thin Film Processing", Instrumentation andservices unit, I. I. Sc. Bangalore, Índia, (1994)

10. Jornal de cartas de materiais avançados, VBRI Press, Adv. Let., 533-538 (2012)

11. https://en.wikipedia.org/wiki/ferromagnetism

12. B. Viswanathan e V. R. K. Murthy, "Ferrite materials science and Technology", Narosa publishing House (1990)

13. Seva V. Khikhlovskyi, "The renaissance of Multiferroics : bismuth ferrite-candidateMultiferroic material in Nano science", (2010)

14. https://en.wikipedia.org/wiki/Bismuth ferrite

CAPÍTULO II
PESQUISA BIBLIOGRÁFICA

F. Tyholdt *et al.*, **[1]** relataram que filmes finos e texturizados de $BiFeO_3$ (~120 nm de espessura) foram sintetizados por deposição de solução química a partir de uma mistura de ferro e bismuto-2-metoxietoxi des em substratos de Si (100)/SiO_2 /TiO_2 /Pt. A utilização de alcóxidos assegurou uma boa homogeneidade e permitiu um grau de orgânicos que facilitou ainda mais as baixas temperaturas de cristalização. As películas cristalinas foram, de acordo com a difração de raios X, obtidas a 480 °C. As características dos precursores foram investigadas por termogravimetria e calorimetria diferencial de varrimento, enquanto a pureza das fases, a microestrutura e a topografia das películas foram examinadas por difração de raios X, microscopia eletrónica de transmissão, microscopia de força atómica e espetroscopia de fotoelectrões de raios X. Verificou-se que era necessário um pequeno excesso de Bi (10%) para obter películas densas e sem poros. Estas adições também impediram a decomposição do BiFeO3 a altas temperaturas. Acredita-se que a textura observada tenha origem no mecanismo de crescimento, uma vez que não foi encontrada qualquer relação com o substrato. Este facto é também confirmado pela observação da textura (012) em películas sobre substratos de vidro.

V. Annapu Reddy *et al.*, **[2]** relataram que foram estudadas as propriedades ferroeléctricas de filmes de BiFeO3 (BFO) depositados por pulverização em silício poroso. A análise das investigações de XRD e FESEM mostra que a tensão cristalina nos filmes de BFO aumenta com o tamanho dos poros. Os filmes de BFO em substrato de silício poroso mostraram melhorias no comportamento de fadiga ferroeléctrica, polarização remanente e tempo de comutação ferroeléctrica. Uma janela de memória máxima de 5,54 V a 1 MHz e uma grande polarização remanente (Pr) de 13,1 $\mu C/cm^2$ foram obtidas à temperatura ambiente. A melhoria das propriedades ferroeléctricas destes filmes foi correlacionada com a deformação cristalina.

Annapu Reddy *et al.,* [3] relataram que foi estudado o efeito do tamanho das partículas na gama de 10-150 nm nas propriedades magnéticas e transições de fase em amostras de $BiFeO_3$ preparadas pelo método de pirólise por pulverização. A pureza e a estrutura da fase foram investigadas por XRD e análise de espetroscopia FTIR. Os picos de FTIR das nanopartículas deslocam-se para números de onda mais baixos devido ao aumento da área de superfície e dos limites dos grãos. As imagens de Fe-SEM e TEM mostram que as partículas são uniformes, densas e de forma quase esférica. O aumento significativo da magnetização com um campo coercivo finito foi observado em amostras de partículas de 12 nm. O aumento da magnetização é cerca de quatro vezes maior do que o das amostras em massa. Este aumento foi atribuído à supressão da estrutura de spin cicloidal devido aos grandes spins não compensados dos iões Fe^{+3} na superfície da partícula e ao rastreio da polarização de spin induzida pelo adsorvente nas nanopartículas de BFO. As transições de fase acima da temperatura ambiente foram investigadas por medições DTA e mostram que a temperatura de Neel (TN) e a temperatura de Curie (Tc) aumentam com o tamanho das partículas. A mudança nos valores de TN e Tc com o tamanho da partícula é bem ajustada aos modelos de escala finita. Os parâmetros microscópicos, como o comprimento de correção, a dimensão microscópica caraterística do sistema e o tamanho crítico das partículas, foram avaliados, o que fornece uma visão mais física do efeito de escala finita nas amostras de nanopartículas.

V. Annapu Reddy *et al.,* [4] referiram que os materiais multiferróicos, que exibem simultaneamente ferroeletricidade e ferromagnetismo, estimularam recentemente um número crescente de actividades de investigação devido ao seu interesse científico e à sua significativa promessa tecnológica nos novos dispositivos multifuncionais. Os compostos monofásicos multiferróicos naturais são raros e a sua resposta magnetoeléctrica é relativamente fraca à temperatura ambiente. Em contrapartida, os compostos multiferróicos melhoram o acoplamento magnetoeléctrico à temperatura ambiente, o que pode ter aplicações potenciais no armazenamento de dados, sensores, spintrónica e filtros. Neste contexto, foram preparadas películas finas de compósitos multiferróicos $BiFeO_3$ -$BiCoO_3$ (BF-BC) pelo método de pirólise por pulverização, onde se obteve uma textura orientada (110). As análises de difração de raios X confirmaram que os filmes compósitos BF-BC tinham uma textura altamente orientada (110). As imagens de AFM mostram que os filmes eram uniformes, densos e com nanopartículas de forma quase esférica com tamanho de 18 nm. As películas compósitas de BF-BC com textura (110) apresentam melhorias na polarização Raman e no campo coercivo com uma corrente de fuga muito baixa. As propriedades ópticas dos filmes compósitos foram estudadas e correlacionadas com os seus parâmetros estruturais.

V. Annapu Reddy *et al.,* [5] relataram que foram preparadas películas monofásicas de BiFeO3 (BFO) à escala nanométrica sob uma temperatura de substrato controlada através de um método simples de pirólise por pulverização. Os resultados da espetroscopia de infravermelhos com transformada de Fourier indicam que o BFO monofásico é depositado a baixa temperatura. Foi observado um acoplamento magnetoeléctrico às transições anti-ferromagnéticas e de fase a 350,2 e 832,8 °C, respetivamente. As curvas de capacitância-voltagem *(C-V)* exibem dois campos coercivos correspondentes aos domínios ferroelástico e ferroelétrico. A comutação do domínio ferroelétrico é dominante em campos eléctricos mais baixos. Uma comutação de domínio não volátil nas películas de BFO pode evitar a fixação da parede de domínio e melhorar o comportamento de fadiga nas películas.

V Annapu Reddy *et al.,* [6] relataram que o efeito magnetoeléctrico foi estudado em filmes de $BiFeO_3$ com tamanhos de partículas na gama de 12 a 92 nm depositados pelo método de pirólise por pulverização. As imagens de microscopia eletrônica de varredura de emissão de campo mostram que os filmes eram uniformes, densos e com nano-partículas de formato quase esférico. Os loops ferroeléctricos foram estudados na presença de campo magnético e foi obtido um aumento de cerca de 30% na polarização remanente. O aumento da polarização foi observado acima de um valor crítico do campo aplicado, o que é atribuído à supressão da estrutura de spin cicloidal. Um grande acoplamento entre os parâmetros de ordem ferromagnéticos e ferroeléctricos foi encontrado à temperatura ambiente. Este facto foi atribuído aos grandes domínios ferroelásticos e à supressão da estrutura de spin cicloide.

V. Annapu Reddy *et al.,* [7] relataram que as películas $BiFeO_3$ e $BiFeO$ -$BiMnO_{33}$ foram preparadas pela técnica de pirólise por pulverização e as suas propriedades estruturais e ópticas foram examinadas. A difração de raios X desses filmes mostra que a estrutura romboédrica do filme de BFO é modificada e reduzida em direção à estrutura monoclínica ou tetraédrica a 10 *at.*% de $BiMnO_3$ com maior simetria cristalina. A transição estrutural é favorável à redução das vagas de oxigénio nas películas de $BiFeO_3$. A microscopia eletrónica de transmissão foi utilizada para conhecer a estrutura cristalina e o tamanho das partículas dos filmes. O band gap no filme $BiFeO$ -$BiMnO_{33}$ aumentou significativamente em comparação com o filme $BiFeO_3$.

V. Annapu Reddy *et al.*, [8] relataram que as películas finas de $BiFeO_3$ dopadas com metais de transição (TM) foram depositadas em substrato de Si (100) pela técnica de pirólise por pulverização e as suas propriedades eléctricas, magnéticas, ferroeléctricas e magnetoeléctricas foram estudadas. Verificou-se que a corrente de fuga no $BiFeO_3$ dopado com Mn e Co é cerca de uma ordem de grandeza inferior à da amostra $BiFeO_3$. A melhoria da magnetização (Ms) e da polarização (Pr) foi encontrada na amostra de $BiFeO_3$ dopada com TM, atingindo um valor máximo de Ms = 0,21 gB por unidade de fórmula para a amostra dopada com Cr e Pr = $55,6 gC/cm^2$ para as amostras dopadas com Mn. O estudo das características do acoplamento magneto-elétrico revelou um coeficiente de acoplamento ótimo no valor crítico do campo magnético, o que pode ser devido à supressão da estrutura de spin cicloide. A sensibilidade máxima de acoplamento de 10,48V/cm Oe foi observada para as amostras dopadas com Mn.

Xiaofei Wang *et al.*, [9] relataram que filmes de $Sr_{1x} Pr_x TiO_3$ foram preparados pelo método de deposição orgânica de metal em substratos (111) $Pt/Ti/SiO_2$ /Si. A dopagem com Pr melhora muito o comportamento de fuga dc dos filmes. As amostras com 75% mostram excelente frequência de campo elétrico e estabilidade de temperatura das propriedades dieléctricas, enquanto a amostra de 25% apresenta um comportamento óbvio de relaxamento dielétrico e melhores laços de histerese de polarização versus campo elétrico aplicado (PE). Estas propriedades eléctricas peculiares podem ser explicadas principalmente pelas alterações induzidas pela dopagem com Pr nos portadores de carga livre, na distorção da rede, no processo de transferência de carga e nas nano regiões polares. Além disso, a valência variável dos priões pode também ter um impacto significativo.

L.B. Kong *et al.*, **[10]** referiram que as cerâmicas ferroeléctricas são materiais electrónicos importantes que têm uma vasta gama de aplicações industriais e comerciais, tais como condensadores de elevada constante dieléctrica, transdutores piezoeléctricos de sonar ou ultra-sons, sensores de segurança piroeléctricos, transdutores de diagnóstico médico, válvulas de luz electro-ópticas e motores ultra-sónicos, para citar alguns. Os desempenhos dos ferroeléctricos estão intimamente relacionados com a forma como são processados. O método convencional de reação no estado sólido exige temperaturas elevadas de calcinação e sinterização, o que resulta na perda de componentes de chumbo, bismuto ou lítio devido às suas elevadas volatilidades, piorando assim as propriedades microestruturais e, subsequentemente, as propriedades eléctricas dos materiais ferroeléctricos. Foram desenvolvidas várias rotas baseadas na química húmida para sintetizar pós ferroeléctricos ultrafinos e mesmo nanométricos. No entanto, a maioria das rotas baseadas na química ainda envolve calcinação, embora a temperaturas relativamente mais baixas. O processo de moagem mecanoquímica de alta energia demonstrou que alguns materiais ferroeléctricos podem ser sintetizados diretamente a partir dos seus precursores de óxido sob a forma de pós nanométricos, sem necessidade de calcinação a temperaturas intermédias, tornando assim o processo muito simples e rentável. Um grande número de materiais ferroeléctricos, incluindo ferroeléctricos contendo chumbo, antiferroeléctricos e relaxantes, e famílias Aurivillius contendo bismuto, foram sintetizados pelo processo de moagem de alta energia. Alguns ferroeléctricos, como o titanato de bário ($BaTiO_3$ ou BT), o tungstato de ferro e chumbo e vários materiais contendo bismuto, que não podem ser produzidos diretamente a partir das suas misturas de óxidos, foram formados a temperaturas relativamente baixas depois de os seus precursores terem sido activados por uma moagem de alta energia. As cerâmicas ferroeléctricas derivadas dos precursores activados demonstraram.

Virendra Kumar *et al.* [11] relataram que, no presente estudo, quatro composições diferentes de amostras de $BiFeO_3$ dopadas com Ti e Pr foram sintetizadas por interring convencional de fases líquidas rápidas e suas propriedades estruturais, dielétricas, ferroelétricas e magnéticas foram investigadas. O estudo dielétrico a alta temperatura mostra uma resposta anómala diferente para todas as composições. Um pico principal na constante dieléctrica versus curva de temperatura é observado a 640 K para o BiFeO pristino$_3$ que se desloca para 545 K para a amostra dopada com Ti ($BiFe_{0.9} Ti_{0.1} O_3$). Além disso, são observados picos múltiplos para a amostra dopada com Pr ($Bi_{0.9} Pr_{0.1} FeO_3$) no intervalo de temperatura de 400-800 K. O estudo do circuito P-E à temperatura ambiente mostra que o valor da polarização máxima aumenta de 0,185 para 0,859m C/cm^2 para a amostra dopada com Pr ($Bi_{0.9} Pr_{0.1} FeO_3$) e também aumenta a capacidade do $BiFeO_3$ para suportar um campo elétrico mais elevado. A curva magnética (M-H) à temperatura ambiente mostra um ligeiro aumento no valor da magnetização de 0,071 para 0,078 emu/gm para o $BiFeO_3$ puro e para o $Bi_{0.9} Pr_{0.1} Fe_{0.9} Ti_{0.1} O_3$ co-dopado com Pr e Ti, respetivamente.

Dunmin Lin *et al.*, [12] relataram os efeitos da composição, da temperatura de sinterização e do tempo de permanência na microestrutura e nas propriedades eléctricas das cerâmicas $BiFeO_3$ -$BaTiO_3$, MnO_2 . As cerâmicas sinterizadas a 1000 °C durante 2 h possuem uma estrutura de perovskite pura e forma-se uma fronteira de fase morfotrópica de fases romboédricas e pseudocúbicas a x = 0,025. A adição de $Bi_{0.5} K_{0.5} TiO_3$ retarda o crescimento do grão e induz duas anomalias dieléctricas a altas temperaturas (T1 ~ 450-550°C e T2 ~ 700°C, respetivamente). Após a adição de 2,5 mol% de $Bi_{0.5} K_{0.5} TiO_3$, as propriedades ferroeléctricas e piezoeléctricas da cerâmica são melhoradas e obtém-se uma temperatura de Curie muito elevada de 708 °C. A temperatura de sinterização tem uma influência importante na microestrutura e nas propriedades eléctricas das cerâmicas. A temperatura crítica de sinterização é de 970 °C. Para a cerâmica com x = 0,025 sinterizada a/acima de 970 °C, obtêm-se grãos grandes, boa densificação, alta resistividade e propriedades eléctricas melhoradas. Para a cerâmica com x = 0,025, observa-se uma fraca dependência da microestrutura e das propriedades eléctricas em relação ao tempo de permanência.

Referências

1. F. Tyholdt, S. Jorgensen, H. Fjellvag, Materials Research Society. **212**, (2005)

2. V. Annapu Reddy, N.P. Pathak, R. Nath, Current Applied Physics, Elsevier. **451**, (2011)

3. V. Annapu Reddy, N.P. Pathak, R. Nath, Journal of Alloys and Compounds, Elsevier. **207**, (2012)

4. V. Annapu Reddy, N. P. Pathak, R. Nath, Advanced Materials Research. **585**, 260 (2012)

5. V. Annapu Reddy, N P Pathak, R Nath, PHYSICA SCRIPTA. 1-4 (2012)

6. V. Annapu Reddy, N P Pathak, R Nath, Thin Solid Films, Elsevier. **358**, (2012)

7. V. Annapu Reddy, R Nath, Instituto Americano de Física. 447, (2013)

8. V. Annapu Reddy, N P Pathak, R Nath, Comunicações de Estado Sólido, Elsevier. 41-43(2013)

9. Xiaofei Wang, Xiaomei Lu, Yuyan Weng, Wei Cai, Xiaobo Wu, Yunfei Liu, Fengzhen Huang Jinsong Zhu, Solid State Communications, Elsevier. 267-268 (2009)

10. L.B. Kong, T.S. Zhang, J.Ma, F. Boey, Progress in Materials Science. **53**, 207-322(2008)

11. Virendra Kumar, Anurag Gaura, Neha Sharma, Jyoti Shah, R.K. Kotnala, ceramicsinternational. **39**, 8113 - 8121 (2013)

12. Dunmin Lin, Qiaoji Zheng, Ying Li, Yang Wan, Qiang Li, Wei Zhou, Journal of theEuropean Ceramic Society. **33**, 3023-3036 (2013)

CAPÍTULO-III
TÉCNICAS EXPERIMENTAIS E CARACTERÍSTICAS

3.1 INTRODUÇÃO

Nas películas finas, o desvio em relação às propriedades dos materiais a granel correspondentes deve-se à sua pequena espessura, à sua grande relação superfície/volume e à sua estrutura física única, que é uma consequência direta do processo de crescimento. Diz-se que um material sólido está sob a forma de película fina quando é construído, como uma camada fina, sobre um suporte sólido, chamado substrato. As películas preparadas por aplicação direta de uma dispersão ou de uma pasta dos materiais sobre um substrato, deixando-a secar, são designadas, independentemente da sua espessura, por películas espessas e têm propriedades carateristicamente diferentes das das películas finas.

3.1.1 Técnica de pirólise por pulverização

A pirólise por pulverização é amplamente utilizada para depositar películas finas semicondutoras. Envolve a pulverização de uma solução sobre um substrato de vidro quente. A solução de pulverização consiste geralmente num composto de origem dissolvido numa mistura de agentes oxidantes e redutores. Neste caso de revestimento semicondutor como o $CdTe$, $Cu_2 S$, InP e $CuInSe_2$, os álcoois são utilizados como agente redutor e a água como agente oxidante. As gotículas pulverizadas sofrem uma decomposição paralítica, formando assim uma camada sobre o substrato. Os outros subprodutos voláteis escapam na fase de vapor [1]. A temperatura do substrato deve ser muito elevada para iniciar a decomposição; se as reacções paralíticas não estiverem concluídas, alguns subprodutos ou compostos intermédios ficarão retidos como impurezas na película. Por exemplo, no caso dos sais de cloreto, obtém-se frequentemente cloro residual nas películas. No entanto, verificou-se que a concentração de impurezas diminui com o aumento da temperatura do substrato durante a pirólise.

O diagrama de blocos da pirólise por pulverização para o fabrico de película fina de CdS é apresentado na figura 3.1. Um bocal de pulverização e um gás de arrastamento permitem obter uma pulverização fina. Este líquido solvente, geralmente água e álcool, serve não só para transportar os reagentes e distribuí-los uniformemente sobre a área do substrato, mas também para controlar o desvio da estequiometria e as moléculas de água fornecem oxigénio e o álcool actua como agente redutor. Assim, a condutividade eléctrica da película é atingida essencialmente devido à dependência do CdS por um dos componentes da solução de pulverização, geralmente o álcool. A capacidade de produzir uma boa película depende da escolha correcta dos vários processos envolvidos na técnica [2].

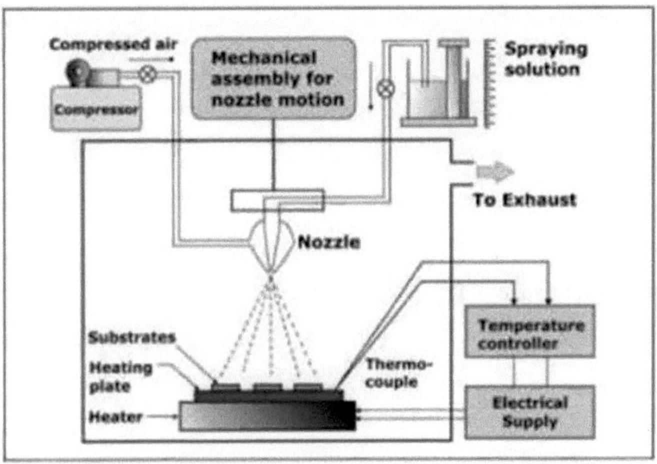

Esquema da pirólise por pulverização mostrando as suas várias partes

Fig 3.1: Processo de pirólise por pulverização

Estes incluem a natureza do substrato, o diâmetro do bico de pulverização, a distância entre o bico e o substrato, a temperatura do substrato (Ts) durante a deposição da película e a concentração da solução (C). A morfologia e a natureza do substrato afectam os primeiros fenómenos de crescimento, incluindo os processos de nucleação e crescimento.

O diâmetro do bico de pulverização determina as pressões efectivas sobre as gotículas, bem como o tamanho das gotículas, uma vez que a dinâmica da evaporação e a reação pirolítica são processos fortemente dependentes da temperatura, sendo a temperatura do substrato o parâmetro crítico que determina a qualidade das películas. Uma longa distância resulta na vaporização das gotículas antes de atingirem o substrato, formando um depósito de pó. São utilizadas várias combinações de concentração e qualidade nas soluções de trabalho. As soluções de trabalho devem satisfazer algumas condições de decomposição térmica, os produtos químicos utilizados para compor a solução devem fornecer as espécies/complexos necessários para sofrer uma reação química activada termicamente para produzir o material de película desejado. Os restantes componentes dos produtos químicos, incluindo o líquido de transporte, devem ser voláteis à temperatura de pulverização. É evidente que cada combinação tem o seu próprio efeito na qualidade da película. Normalmente, exige-se que seja evitada a oxidação total.

Isto é geralmente conseguido através da adição de agentes redutores adequados, como o propanol, o álcool etílico, etc. Para a deposição de películas, é utilizada uma variedade de películas semicondutoras. Por exemplo, CdTe, Cu_2 S. Inp e $CuInSe_2$ etc., as películas semicondutoras desempenham um papel ativo na reação pirolítica.

A solução a pulverizar flui de um reservatório para o tubo capilar na ponta do bico, que é feito de vidro. A distribuição do tamanho das gotas depende sensivelmente da geometria do bico. Na presente configuração, um tipo especial de bico de vidro, com a sua ponta inserida num tubo de mangueira através do qual o gás de transporte permite atomizar a solução de trabalho.

O ar comprimido é utilizado como gás de transporte. A solução atomizada atinge então os substratos colocados na parte superior da placa de aquecimento encerrada num forno. A temperatura dos substratos é limitada a /10 °C utilizando um controlador de temperatura [2].

3.1.2 Méritos da técnica Spray:

➢ A pulverização é uma técnica simples e de baixo custo para a preparação de películas finas.

➢ Tem a capacidade de produzir películas aderentes de grande área e de alta qualidade com espessura uniforme.

➢ A técnica de pulverização não exige alvos e/ou substratos de alta qualidade nem requer vácuo em qualquer fase, o que é uma grande vantagem se a técnica for ampliada para aplicações industriais.

➢ A taxa de deposição e a espessura das películas podem ser facilmente controladas numa vasta gama, alterando os parâmetros de pulverização.

➢ Oferece uma forma extremamente fácil de dopar filmes com praticamente quaisquer elementos em qualquer proporção, bastando adicioná-los de alguma forma à solução de pulverização.

➢ Ao alterar a composição da solução de pulverização durante o processo de pulverização, pode ser utilizada para criar películas em camadas e películas com gradientes de composição ao longo da espessura [2].

A técnica de pulverização tem sido utilizada para preparar a película fina numa variedade de substratos como vidro, cerâmica ou metais. Ao longo de cerca de três décadas, foram efectuados muitos estudos sobre a SPT e o mecanismo de formação de películas finas e a influência das variáveis no processo de formação de películas foram exaustivamente analisados na literatura. Devido à simplicidade do aparelho e à boa produtividade desta técnica em grande escala, ela constitui um meio muito atrativo para a formação de películas finas.

3.2 DETALHES DA EXPERIÊNCIA

3.2.1 Limpeza do substrato

A limpeza do substrato é o processo de quebrar as ligações entre os substratos e os contaminantes sem danificar os substratos. No processo de deposição de películas finas, a limpeza do substrato é um fator importante para obter películas reprodutíveis, uma vez que afecta a suavidade, uniformidade, aderência e porosidade das películas finas. O processo de limpeza do substrato depende da natureza do substrato, do grau de limpeza necessário e da natureza dos contaminantes a remover.

3.2.2 Limpeza FTO

As películas finas de $BiFeO_3$ puras e codopadas com Ni e Ti foram depositadas num substrato de vidro revestido com óxido de estanho dopado com flúor (FTO) utilizando a técnica de deposição por pirólise por pulverização. Antes do revestimento, o substrato deve ser bem limpo, uma vez que pode conter algumas impurezas. Todos os substratos foram limpos com água desionizada, acetona e etanol na proporção de 1:1:1 utilizando um aparelho de limpeza por ultra-sons.

3.2.3 Procedimento experimental

As películas finas de $BiFeO_3$ e de $BiFeO_3$ codopado com Ni e Ti foram depositadas em substrato de óxido de estanho dopado com flúor (FTO) com um tamanho de 1x1 cm^2 por sistema de pirólise por pulverização. Na preparação das películas finas, o nitrato de bismuto (excesso de 5 mol %) foi dissolvido em 2-metoxietanol à temperatura ambiente durante 5 horas, utilizando um agitador magnético, e o nitrato de ferro, o nitrato de níquel e o isopropóxido de titânio foram dissolvidos na solução de reserva. A solução foi pulverizada sobre o substrato quente mantido a 500°C durante um período de deposição de 5 segundos. A película preparada é recozida a uma temperatura de 550°C em passos de 5°C/min durante 2h num forno fechado.

3.3 TÉCNICAS DE CARACTERIZAÇÃO

3.3.1 Técnica de difração de raios X

A difração de raios X (XRD) é uma técnica poderosa para a determinação da estrutura cristalina e dos parâmetros da rede. Um feixe de raios X monocromáticos será espalhado pelos átomos no interior do cristal, quando o feixe incide num cristal composto por átomos dispostos periodicamente em três dimensões. Os raios X coerentemente dispersos, com a mesma frequência e uma diferença de fase definida, interferem uns com os outros, construtiva ou destrutivamente. É gerado um padrão de difração quando os raios dispersos se reforçam mutuamente [3].

A difração básica de raios X é explicada pela equação de Bragg, que descreve a condição de interferência construtiva para a dispersão de raios X a partir de planos atómicos de um cristal.

A condição para a interferência construtiva é dada como

$$n\lambda = 2d\sin\theta \quad \text{...(1)}$$

Onde,

λ = comprimento de onda dos raios X

θ = ângulo de difração (ângulo de Bragg)

d = espaçamento entre planos cristalinos adjacentes

n = ordem de difração

Para películas finas, a técnica do pó em conjunto com o difratómetro é a mais utilizada. Nesta técnica, a radiação difractada é detectada pelo tubo contador, que se desloca ao longo do intervalo angular das reflexões [4]. As intensidades são registadas num sistema informático. Os dados de difração de raios X assim obtidos são impressos em forma de tabela em papel e comparados com os dados do Joint Committee Power Diffraction Standards (JCPDS) para identificar o material desconhecido. A amostra utilizada pode ser um pó, um cristal único ou uma película fina. A dimensão dos cristais dos depósitos é estimada a partir da largura total máxima (FWHM) da linha de difração mais intensa através da fórmula de Scherer, como se segue,

$$D = k\lambda/\beta\cos\theta \quad \text{... (2)}$$

Onde,

D = tamanho do cristalito

λ = comprimento de onda do raio X utilizado

β = largura total e meios máximos do pico (FWHM) em

radianos θ = ângulo de Bragg

Os dados de difração de raios X também podem ser utilizados para determinar a dimensão da célula unitária. Esta técnica não é útil para a identificação de indivíduos de multicamadas ou da percentagem de material dopante.

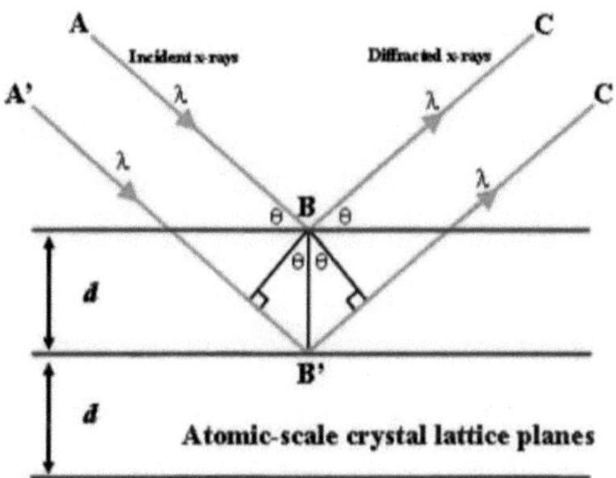

Fig 3.2: Princípio da difração de raios X na rede

3.3.1.1 Determinação dos parâmetros estruturais

A partir dos perfis XRD, o espaçamento interplanar dhkl foi calculado utilizando a relação de Bragg,

$$Dhkl = n\lambda\ /\ 2sin\theta \dotfill (3)$$

O tamanho dos cristais é determinado pela relação,

$$D = K\lambda / \beta\cos\theta \dots\dots\dots\dots\dots\dots\dots\dots\dots\dots\dots\dots (4)$$

A densidade de deslocação (δ) do tamanho cristalino pode ser avaliada a partir de (D) através da seguinte relação,

$$\delta = 1 / D2 \ (\text{linhas/m}^2) \dots \dots\dots\dots\dots\dots\dots\dots\dots\dots(5)$$

A deformação (ε) é calculada usando FWHM (β) e o ângulo de Bragg (θ) é dado por,

$$\varepsilon = \beta\cos\theta / 4 \ (\text{дин/см}^2) \ (6)$$

3.3.2 Microscopia eletrónica de varrimento por emissão de campo (FESEM)

FESEM é a abreviatura de Field Emission Scanning Electron Microscope (Microscópio Eletrónico de Varrimento por Emissão de Campo). Um FESEM é um microscópio que trabalha com electrões em vez de luz. Estes electrões são libertados por uma fonte de emissão de campo. O objeto é varrido pelos electrões de acordo com um padrão em ziguezague. O FESEM é utilizado para visualizar detalhes topográficos muito pequenos na superfície ou em objectos inteiros ou fraccionados. Os investigadores em biologia, química e física aplicam esta técnica para observar estruturas que podem ser tão pequenas como 1nm.

3.3.2.1 Funcionamento do FESEM

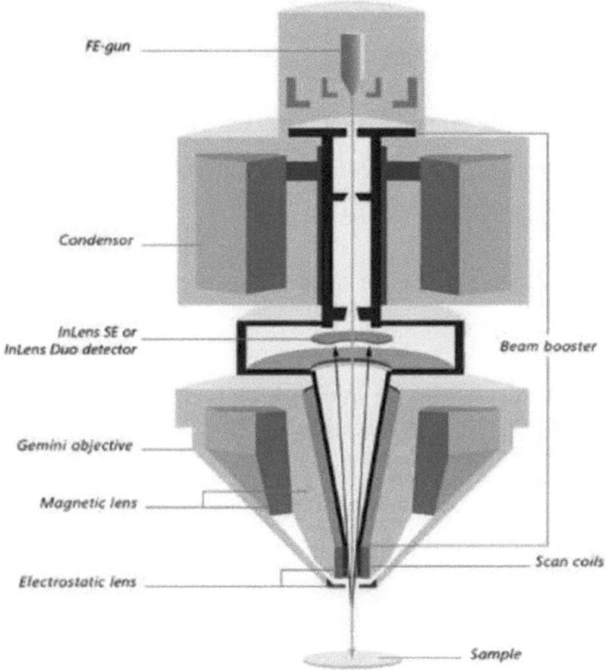

Fig. 3.3: Diagrama do FESEM

Os electrões são libertados de uma fonte de emissão de campo e acelerados num gradiente de campo elétrico elevado. Dentro da coluna de alto vácuo, estes chamados electrões primários são focados e desviados por lentes electrónicas para produzir um feixe de varrimento estreito que bombardeia o objeto. Como resultado, são emitidos electrões secundários de cada ponto do objeto. O ângulo e a velocidade destes electrões estão relacionados com a estrutura da superfície do objeto. Um detetor capta os electrões secundários e produz um sinal eletrónico. Este sinal é amplificado e transformado numa imagem de varrimento de vídeo que pode ser vista num monitor ou numa imagem digital que pode ser guardada e processada posteriormente [5].

3.3.2.2 Vantagens do FESEM

- A capacidade de examinar pontos de contaminação de áreas mais pequenas com tensões de aceleração de electrões compatíveis com a espetroscopia de dispersão de energia.

- Imagens de alta qualidade e baixa voltagem com carga eléctrica negligenciável das amostras.

- Essencialmente não necessita de colocar revestimentos condutores em materiais isolantes.

- A penetração reduzida de electrões de baixa energia cinética sonda mais perto da superfície do material imediato.

3.3.2.3 Aplicações do FESEM

- Análises de secções transversais de dispositivos semicondutores para larguras de porta, óxidos de porta, espessuras de película e detalhes de construção.

- Determinação avançada da espessura do revestimento e da uniformidade da estrutura.

- Medição da geometria e da composição elementar de pequenos elementos de contaminação.

3.3.3 Espectroscopia ultravioleta-visível

Os espectrofotómetros ultravioleta-visível (UV-Vis) referem-se à espetroscopia de absorção ou à espetroscopia de reflexão na região espetral ultravioleta-visível. Isto significa que utiliza luz nas gamas visível e adjacente (UV próximo e infravermelho próximo [NIR]). A absorção ou reflectância na gama do visível afecta diretamente a cor percebida dos produtos químicos envolvidos. Nesta região do espetro eletromagnético, as substâncias químicas sofrem transições electrónicas. Esta técnica é complementar à espetroscopia de fluorescência, na medida em que a fluorescência trata das transições do estado excitado para o estado fundamental, enquanto a absorção mede as transições do estado fundamental para o estado excitado [6].

3.3.3.1 Princípio da absorção UV-Visível

As moléculas que contêm electrões n ou electrões não ligantes podem absorver a energia sob a forma de luz ultravioleta ou visível para excitar estes electrões para uma orbital molecular anti-ligante mais elevada. Quanto mais facilmente os electrões são excitados, maior é o comprimento de onda da luz que pode absorver.

3.3.3.2 Espectrómetro Ultravioleta-Visível

O instrumento utilizado na espetroscopia ultravioleta-visível é designado por espetrofotómetro UV-Vis. As partes básicas de um espetrofotómetro são uma fonte de luz, um suporte para a amostra, uma grelha de difração monocromática ou um prisma para separar os diferentes comprimentos de onda da luz e um detetor. A fonte de radiação é frequentemente um filamento de tungsténio (300-2500 nm), uma lâmpada de arco de deutério, que é contínua de 160-2000 nm, díodos emissores de luz para os comprimentos de onda visíveis.

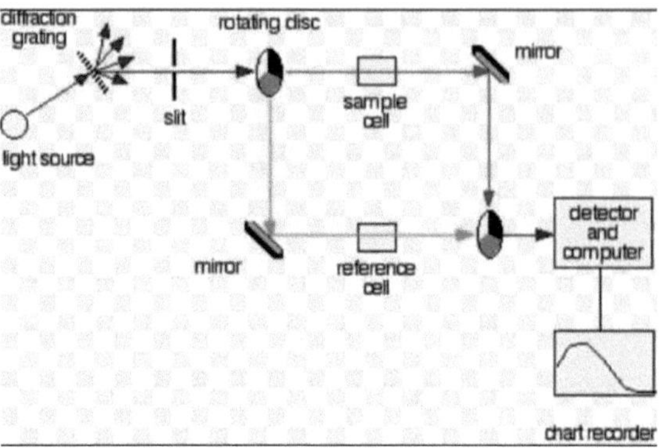

Fig 3.4: Diagrama esquemático da espetroscopia UV-Vis

O detetor é normalmente um tubo fotomultiplicador, um fotodíodo ou um dispositivo de carga acoplada. Um espetrofotómetro pode ser de feixe simples ou de feixe duplo. Num instrumento de feixe simples, toda a luz passa através da célula de amostragem. Num instrumento de feixe duplo, a luz é dividida em dois feixes antes de atingir a amostra. Um feixe é utilizado como referência; o outro feixe atravessa a amostra.

3.3.3.3 Aplicações

➢ O UV foi o primeiro método espetral orgânico; no entanto, raramente é utilizado como método primário para a determinação da estrutura.

➢ É mais útil em combinação com dados de RMN e IV para elucidar características electrónicas únicas que podem ser ambíguas nesses métodos.

➢ Pode ser utilizado para determinar o comprimento de onda de irradiação adequado para experiências fotoquímicas ou para a conceção de tintas e revestimentos resistentes aos raios UV.

➢ A maior utilização do UV é como dispositivo de deteção para HPLC [7].

Referências

1. C.M. Lampkin, Prog. Cryst. Growth Characterization. **1**, 405 (1979)

2. K. J. Murata, W.G. Schlecht, U.S. Geol. Surv. Bull. **95,** 25-82 (1946)

3. K.L.Chopra, S. Major, D.K.Pandya, Thin Solid Films. **102**, (1983)

4. K.L Chopra "Thin film phenomena" McGraw Hill book company, Nova Iorque (1969)

5. Manual de Formação FE-SEM, Hitachi Scientific Instruments.

6. Espectroscopia UV-www.chemguide.co.uk/.../theory.html

7. https://en.wikipedia.org/wiki/Ultraviolet%E2%80%93visible espetroscopia.

CAPÍTULO IV
RESULTADOS E DISCUSSÃO

As películas finas de BiFeO$_3$ (BFO) e de BFO codopado com Ni 7,5% e Ti 2,5% foram depositadas por sistema de pirólise por pulverização num substrato de óxido de estanho dopado com flúor (FTO). A deposição foi efectuada durante 5 segundos. As caracterizações estruturais, morfológicas e ópticas foram efectuadas nos filmes e os resultados são discutidos abaixo.

4.1 ESTUDOS ESTRUTURAIS

As análises estruturais das películas finas de BFO puro e codopado foram efectuadas por XRD.

O tamanho médio dos cristalitos correspondentes aos picos é estimado a partir da fórmula de Debye-Scherrer, como se segue:

$$D_{XRD} = 0{,}94\lambda / (\beta \cos \theta), \quad (4.1)$$

Onde D_{XRD} é o tamanho médio das partículas, $\lambda = 0{,}15406$ nm é o comprimento de onda dos raios X, θ é o ângulo de difração de Bragg e β é a largura total a meio máximo (FWHM) do pico de difração, respetivamente. Os tamanhos de cristalitos calculados para as películas finas de BFO puro e codopado são apresentados na Tabela 4.1.

A distância interplanar (d) é calculada para as películas finas preparadas utilizando a equação de Bragg, $d = n\lambda/2\sin\theta$. Também a densidade de deslocação e a deformação são calculadas para o pico utilizando as fórmulas $\delta = 1/D^2$ e $t = \beta,\cos\beta/4$ e os valores são apresentados na Tabela 4.1.

Tabela 4.1: Parâmetros estruturais das películas finas de BFO e de BFO codopado com Ni e Ti

Amostras	Tamanho do cristalito D_{XRD} (nm)	Distância interplanar dhkl (A)	Densidade de deslocação δ x 10^{15} Linhas/metro	Estirpe t x 10^{-3}	Parâmetro da rede	
					a (A)	c (A)
BFO	51	1.76	0.11	0.73	5.5802	13.8692
BFO codopado com Ni&Ti	30	2.47	2.96	1.94	5.5628	13.9939

As Fig. 4.1 e 4.2 mostram os padrões de XRD das películas finas de BFO puro e codopado preparadas pelo sistema de pirólise por pulverização. Como se pode ver nas Fig. 4.1 e 4.2, os padrões de XRD revelam que ambos os picos de difração observados correspondem a uma estrutura romboédrica com grupo espacial R3c [1]. Uma vez que os parâmetros de rede da estrutura romboédrica são difíceis de obter a partir de cálculos, em geral são calculados com configurações hexagonais. As constantes de rede das películas finas de BFO puro e codopado são apresentadas na tabela 4.1. Observa-se (fig. 4.1) que a amostra de BFO não dopado é monofásica, sem qualquer fase parasita. Mas no caso da amostra codopada, mostra um pequeno pico de Bi25FeO39 a 2θ cerca de 27°. Isto pode dever-se à natureza volátil do Bi durante a deposição a alta temperatura e o recozimento.

A figura 4.3 mostra a vista ampliada de dois fortes picos de difração de (104) e (110) na vizinhança de 2θ = 32°. Em comparação com os picos da amostra pura, os picos da amostra codopada estão a convergir para formar um único pico principal. Isto deve-se à ocorrência de uma ligeira alteração nos parâmetros de rede (tabela 4.1) com a diferença no raio iónico do Ni^{2+} (0,690A), $Ti4^+$ (0,604A) e Fe^{3+} (0,645A). Outro aspeto digno de nota no padrão XRD (fig. 4.2) é que os picos de difração convergem na codopagem de Ni e Ti no BFO, o que significa que a codopagem produz a distorção compressiva da rede.

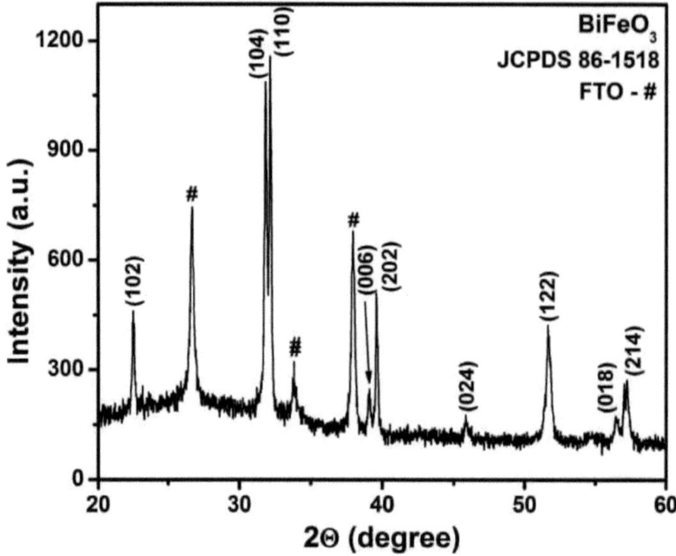

Fig. 4.1: Padrão XRD da película fina de BiFeO ₃

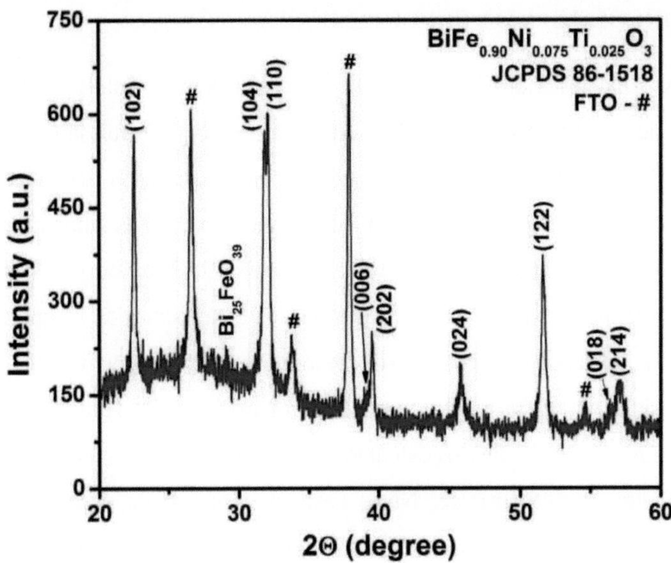

Fig 4.2: Padrão XRD da película fina de BiFeO$_3$ codopada com Ni e Ti

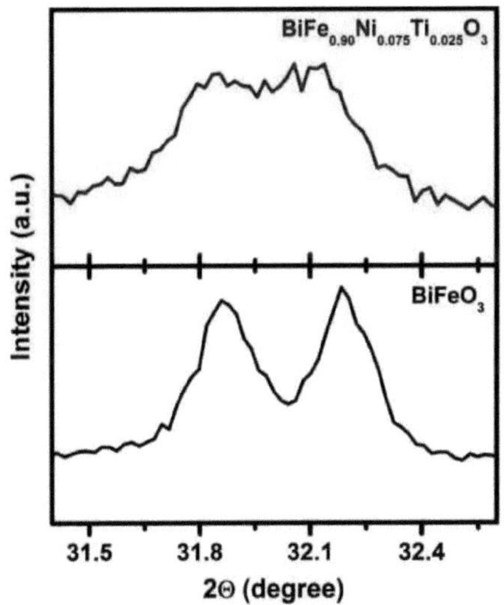

Fig. 4.3: Padrão XRD ampliado de películas finas de BiFeO$_3$ puro e codopado

em torno de 32°

41

4.2 MORFOLOGIA DA SUPERFÍCIE

As análises morfológicas da superfície foram efectuadas utilizando a técnica de microscopia eletrónica de varrimento por emissão de campo (FESEM), que dá uma ideia clara da natureza da superfície da película e do seu tamanho. As imagens FESEM (fig. 4.4 e 4.5) mostram que as amostras de BFO puro e codopado têm uma estrutura de nanobastões (NRs). Todos os NRs estão uniformemente distribuídos e alinhados verticalmente em toda a superfície do substrato FTO. Todo o mecanismo de crescimento da formação de NRs de BFO por deposição por pirólise por pulverização foi amplamente estudado por Razad et al [2]. Os diâmetros médios calculados dos BFO NRs puros e codopados são 97 e 90 nm, respetivamente. Neste caso, o diâmetro da amostra de BFO codopada com níquel e titânio diminui em comparação com a amostra não dopada, o que pode dever-se à variação do raio iónico dos elementos dopantes. Também na amostra codopada, a densidade de NRs aumenta juntamente com o número de NRs. Esta estrutura unidimensional de nanobastões pode melhorar as propriedades físicas deste material devido à sua grande área de superfície.

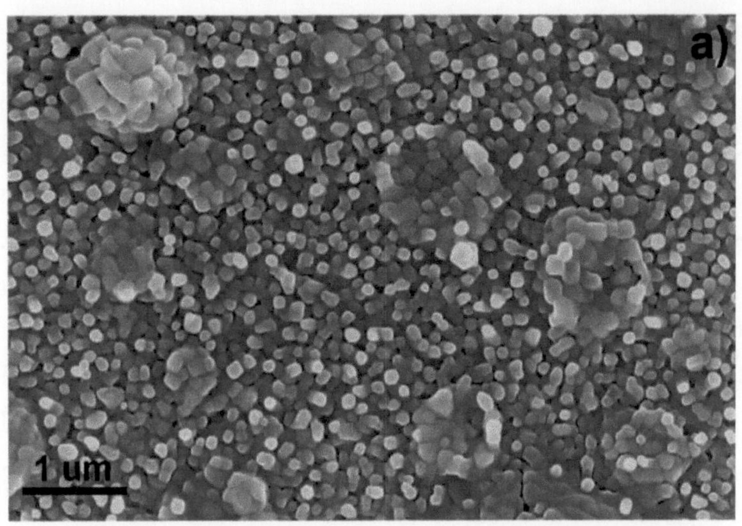

Fig. 4.4: Imagem FESEM da película fina de BiFeO$_3$ puro

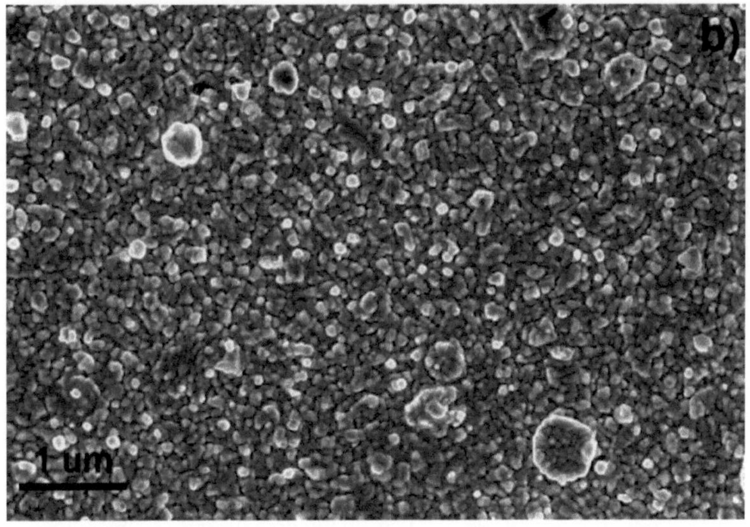

Fig. 4.5: Imagem FESEM da película fina de BiFeO$_3$ codopada

4.3 PROPRIEDADES ÓPTICAS

Os espectros de absorção das amostras de película fina de BFO policristalino puro e codopado com Ni e Ti registados na gama do UV visível são apresentados nas Fig. 4.6 e 4.7. Os espectros de absorção de ambas as amostras apresentam uma tendência semelhante de espectros de absorção com picos em torno de 405 nm e 495 nm, respetivamente. A quantidade considerável de absorção de luz visível a 405 nm deve-se à transição de electrões através dos bordos de banda. A pequena absorção encontrada a 495 nm deve ser originada pela transição de electrões para o centro de aprisionamento [2]. Esta quantidade considerável de absorção de luz visível das amostras de BFO puro e codopado torna-as potencialmente utilizáveis para reacções fotoquímicas.

O intervalo de banda ótica da película é medido a partir da dependência espetral do coeficiente de absorção a.

O coeficiente de absorção foi calculado utilizando a seguinte relação [3]

$$\alpha = [\text{-ln(T)h}\upsilon]^2 \qquad 4.2$$

onde,

α é o coeficiente de absorção

T é a transmitância

hυ é a energia do fotão incidente

Os intervalos de banda ótica das películas finas de BFO puro e codopado são apresentados nas figuras 4.9 e 4.10. Uma vez que o BFO tem uma transição eletrónica direta, o intervalo de banda é calculado extraindo a curva linear para hu no gráfico de Tauc. Para o BFO puro e o BFO codopado, os valores calculados do intervalo de banda são 2,54 e 2,55 eV, respetivamente. O valor do intervalo de banda das NRs de BFO codopadas é relativamente mais elevado do que o das NRs de BFO puras, o que indica que o intervalo de banda aumenta à medida que o tamanho das NRs é reduzido. Por conseguinte, o aumento do intervalo de banda no presente estudo com a codopagem de Ni e Ti também pode ser explicado com base na diferença dos parâmetros de rede [4]. Os resultados sugerem que NRs como a estrutura BFO podem ter uma aplicação mais ampla em fotocatalisadores e dispositivos optoeléctricos, especialmente na banda de luz visível.

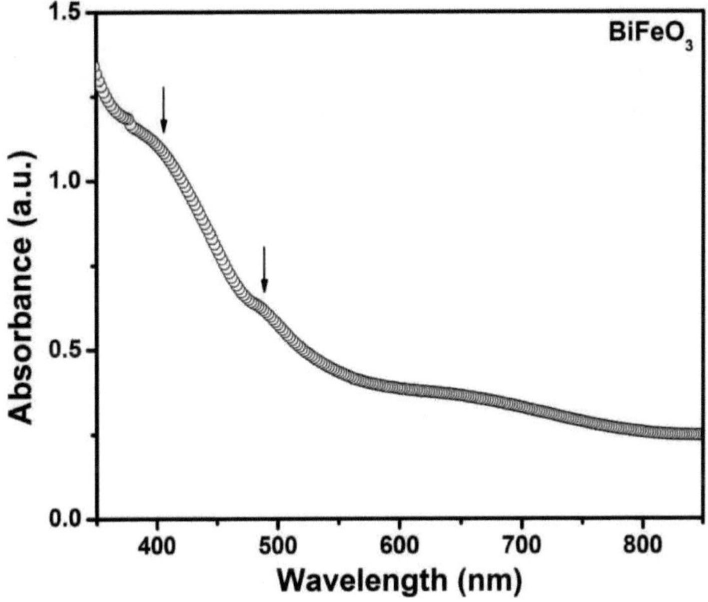

Fig. 4.6: Espectros de absorção UV-visível da película fina de BiFeO $_3$

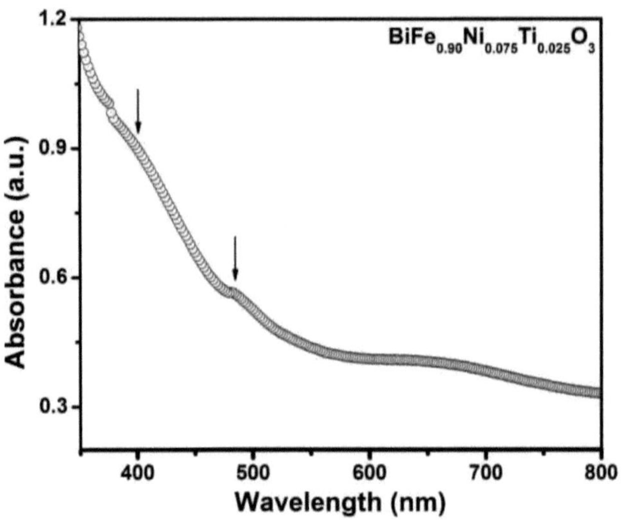

Fig. 4.7: Espectros de absorção UV-visível da película fina de BiFeO₃ codopada com Ni e Ti

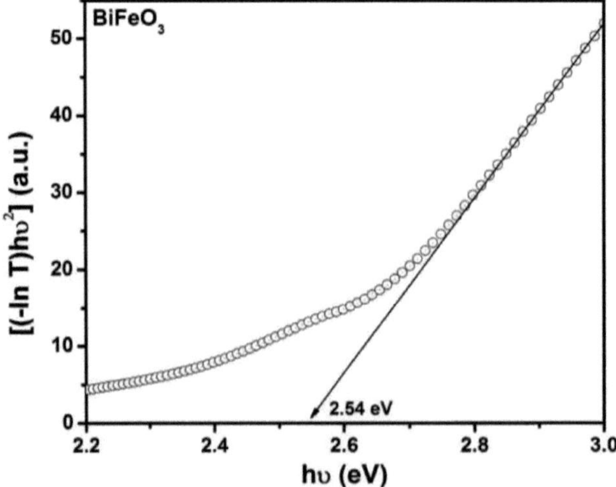

Fig. 4.8: Gráfico de (-InThu)² Vs. energia de fotões (hu) da película fina de BiFeO₃

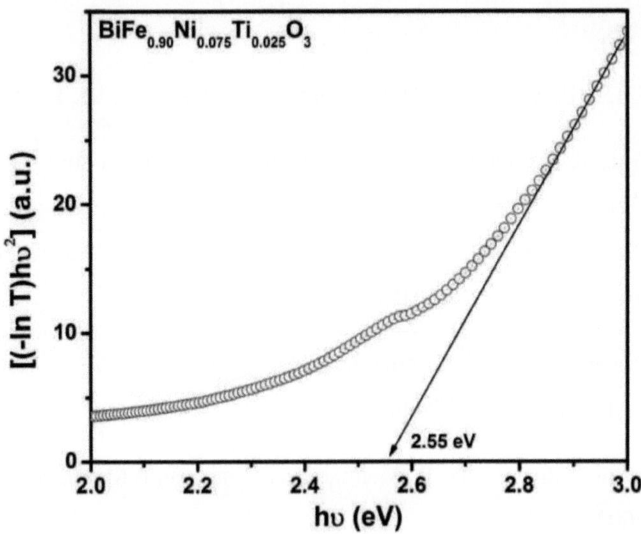

Fig. 4.9: Gráfico de (-InThu)^2 Vs. energia de fotões (hu) da película fina de
BiFeO$_3$ codopada com Ni &Ti

Referências

1. S.K. Singh, K. Maruyama, H. Ishiwara, Appl. Phys. Lett. **91**, 112913 (2007)

2. P.M. Razad, K. Saravanakumar, V. Ganesan, R.J. Choudhary, A. Moses Ezhil Raj, R. Devaraj, M. Jithin K. Mahalakshmi, Manju Mishra Patidar, V.R. Sreelakshmi, G. Marimuthu, C. Sanjeeviraja, J Mater Sci: Mater Electron. **28**, 3217-3225(2017)

3. K. Saravanakumar, C. Gopinathan, K. Mahalakshimi, V. Ganesan, Adv. Studies Theor. phys **5**, 155-170 (2011)

4. G.P. Joshi, N.S. Saxena, R. Mangal, A. Mishra, Bull. Mater. Sci. **26**, 387-389 (2003)

CAPÍTULO V
RESUMO E CONCLUSÃO

O BiFeO$_3$ é reconhecido como um candidato promissor devido às suas potenciais aplicações na conceção de dispositivos que combinam funcionalidades magnéticas, electrónicas e ópticas. Para o efeito, foram depositados com sucesso filmes finos de BFO puro e dopado com Ni e Ti em substrato FTO, utilizando o sistema de pirólise por pulverização assistida por parede quente. As propriedades estruturais, morfológicas e ópticas das películas finas foram bem discutidas. A estrutura das películas foi confirmada com o padrão de difração XRD, e observou-se que as amostras são de natureza policristalina e os picos de difração observados estão indexados à estrutura romboédrica com grupo espacial R3c. Também a codopagem de BFO com Ni e Ti leva à fusão de picos duplos num único pico principal. As imagens F ESEM mostram a formação de nanobastões para as amostras de BFO puro e codopado com um tamanho médio de 97 e 90 nm, respetivamente. As propriedades ópticas indicaram uma quantidade considerável de absorção de luz visível para as amostras de BFO puro e codopado. Com intervalos de banda direta de 2,54 e 2,55 eV, este material pode responder bem aos fotões para gerar uma fotocorrente em estado estacionário sob o efeito de um campo elétrico interno.

Printed by Books on Demand GmbH, Norderstedt / Germany